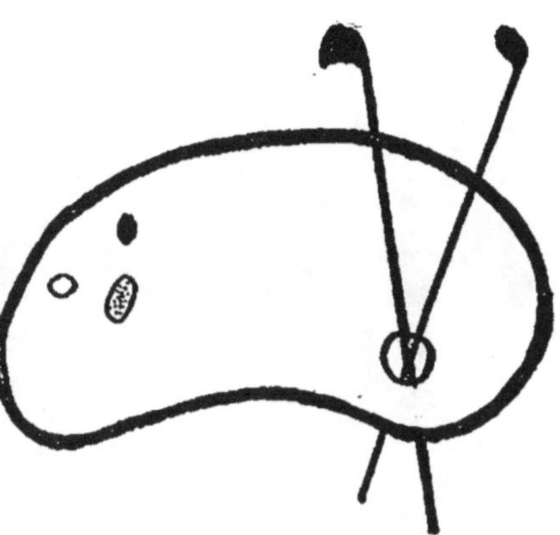

ORIGINAL EN COULEUR
NF Z 43-120-8

Couverture inférieure manquante

Onze Jours

en Touraine

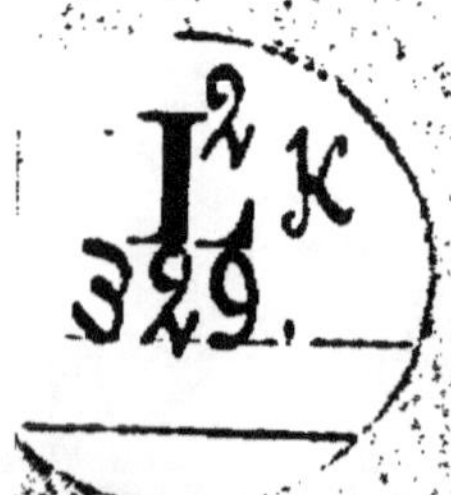

ONZE JOURS

EN TOURAINE

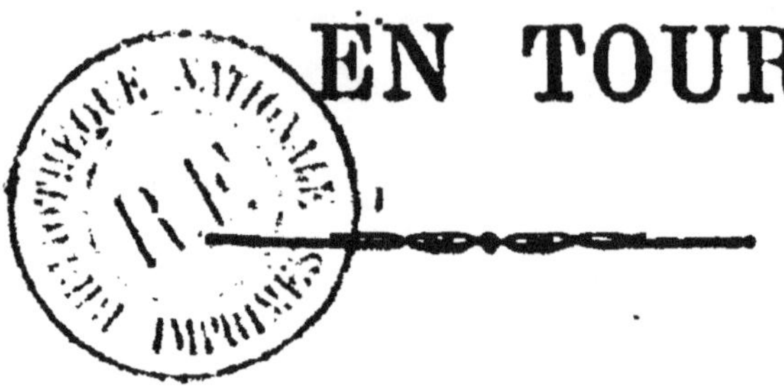

> Connaissez-vous ce pays de
> la France que l'on a sur-
> nommé son jardin?
>
> ALFRED DE VIGNY.

VERSAILLES

IMPRIMERIE AUBERT

1896

PRÉFACE

Août 1896.

Ne croyez pas, en lisant ces quelques lignes, que nous ayons voulu corriger ou rectifier les divers Guides bien plus documentés que nous et que nous avons d'ailleurs suivis et consultés.

Nous avons tenu simplement à nous rappeler à nous-même les diverses étapes parcourues avec plaisir, et, si nous avons donné à cette excursion ce semblant de publicité, c'est uniquement pour indiquer un voyage agréable à faire.

Nous n'avons prétentions ni d'architecte, ni d'historien, ni de géographe; mais nous avons la conviction d'avoir fait un voyage charmant et l'espoir que cette brochure procurera à nos lecteurs quelques-unes des sensations agréables que nous avons éprouvées en face de ces châteaux mer-

reilleux et au souvenir des faits historiques qu'ils nous rappelaient, souvent, avouons-le, avec l'aide du cicerone.

Nous devons nos remerciements à tous les propriétaires qui ont bien voulu nous permettre de visiter leurs châteaux, à MM. de Baroncelli et Joanne, dont les Guides nous ont donné des renseignements précieux et desquels nous nous sommes beaucoup servi pour la rédaction de cette brochure au point de vue des détails d'architecture et de l'énumération des curiosités à visiter dans les villes, et surtout au Touring-Club (T. C. F.), sous les couleurs duquel nous avons voyagé. Nous avons pu nous rendre compte combien est appréciée cette Société et quels services elle peut rendre.

ONZE JOURS EN TOURAINE

Pour des raisons d'ordre absolument privé et des convenances personnelles, le rendez-vous fut fixé à Orléans, le 18 août ; deux de nous partirent par le chemin de fer, l'autre par la route, et, à 9 heures 30, nous étions réunis à Orléans.

Notre premier soin fut, après avoir mis à l'abri les bicyclettes, de parcourir la ville.

Nous visitons d'abord la cathédrale Sainte-Croix, monument de plusieurs styles, dont les clochers sont d'un bel effet, et dont l'abside est très intéressante. Le portail et une des portes latérales ont été refaits par Louis XIV, qui n'a pas manqué d'y mettre sa fameuse devise : « *Nec pluribus impar* » ;

Le grand portail est flanqué de deux tours.

Au-dessus des trois portes se trouve une belle verrière et une galerie à jour;

Dans la chapelle du Sacré-Cœur, on remarque le monument de Mgr Dupanloup, joli morceau d'art moderne placé malheureusement dans une chapelle dont la petite dimension n'a pas permis au sculpteur de donner à cette œuvre une ampleur en rapport avec celle de la basilique;

L'ancien Hôtel de Ville, actuellement musée, dont le beffroi gothique subsiste encore ;

L'église Saint-Aignan possédant une chapelle souterraine ; quelques maisons anciennes : celle de Diane de Poitiers, renfermant un musée historique ; la demeure d'Agnès Sorel ; celle de Jeanne d'Arc qui a sa statue place du Martroy ; l'Hôtel de Ville actuel, ancienne résidence royale où mourut François II, roi de France, époux de Marie Stuart. Le principal bâtiment est orné de deux tours avec des niches contenant des statues; les cariatides des balcons sont attribuées à Jean Goujon ;

L'église Saint-Paterne en partie reconstruite.

Déjeuner à l'hôtel Saint-Aignan, nouvelle traversée de la ville, cette fois à bicyclette par les boulevards; nous franchissons la Loire sur un beau pont de pierre, après quoi nous prenons la belle route plate qui, passant à Saint-Pryvé, nous fait traverser le Loiret, dont nous n'avons pu aller voir les sources situées à quelques kilomètres; du pont, nous jouissons d'un très joli paysage, et bientôt nous arrivons à Cléry où se trouve la célèbre basilique dédiée à Notre-Dame de Cléry, à laquelle Louis XI avait voué une dévotion particulière.

Cette église renferme la statue agenouillée du roi Louis XI, mort en 1483, ses cendres furent jetées au vent pendant la Révolution; le tombeau de Dunois, la chapelle Saint-Jacques de Pontbriand, le cœur de Charles VIII et quelques précieuses reliques.

Un pèlerinage très suivi existe encore en l'honneur d'une vierge portant l'enfant Jésus. La statue très ancienne a été respectée par les fanatiques de 1793 qui considérèrent que la prospérité du pays était due à cette sainte image.

Nous continuons la route par les villages de Lailly, les Trois-Cheminées, Saint-Laurent-des-Eaux et Nouan-sur-Loire.

A Nouan, halte dans le plus beau café de l'endroit, le café Duneau, habité jadis par un sabotier, poète mystique qui a orné le piédestal d'une croix, située à la sortie du pays, de quelques vers bien sentis, dont on voit la suite à l'Ermitage Duneau.

Cet excellent sabotier avait prévu la vogue actuelle de saint Antoine de Padoue, et lui a dédié les poésies qui ornent le ravalement de cet édifice.

On ne tarde pas à rencontrer le mur du domaine de Chambord, et après une promenade de deux kilomètres dans les bois, brusquement tourne la route et apparaît le *Château de Chambord*.

Construit par François Ier, ce château n'est pas entièrement de style renaissance, il se compose d'un donjon flanqué de quatre fortes tours formant le milieu de la façade.

Les pilastres et les divisions horizontales des fenêtres sont de pure renaissance.

Mais ce style se manifeste surtout sur les terrasses et sur les toitures qui sont remarquables par la grande abondance et la grande variété des ornements. C'est au milieu de ces combles que s'élance la fameuse lanterne terminant le célèbre escalier à double évolution où deux personnes peuvent monter sans se voir.

Rien n'est aussi nu et aussi désolant que l'intérieur des cours et des chambres : un poêle en faïence rapporté par le maréchal de Saxe, quelques jouets militaires ayant appartenu au comte de Chambord, quelques tableaux en constituent le seul ameublement.

Le cabinet de travail de François Ier sur la vitre duquel il aurait écrit le fameux « Souvent femme varie », inscription détruite, mais reproduite depuis par un voyageur curieux de reconstitution, chambre dallée et agrémentée d'un plafond à caisson très beau et la chapelle du château sont les seules pièces ayant un caractère historique ; quelques chambres ornées de tapisseries et une salle du trône ont attendu le feu propriétaire du château qui n'y est jamais venu.

Le château fut habité par François Ier; le Roi Soleil y vint et devant lui Molière joua *Pourceaugnac* et le *Bourgeois Gentilhomme*, puis, sous Louis XV, le maréchal de Saxe y demeura et y mourut. Louis XV, en récompense de la victoire de Fontenoy, avait donné ce château et deux régiments au maréchal qui y avait disposé un champ de Mars et y faisait évoluer ses troupes.

Napoléon Ier voulut en faire une succursale de la Légion d'honneur, puis le donna au maréchal Berthier dont la veuve le laissa tomber en ruines, finalement, en 1821, il fut acheté par souscription nationale et offert au comte de Chambord.

Il appartient actuellement au comte de Parme et au duc de Bardi, neveux et héritiers du comte de Chambord, qui le font très intelligemment réparer, avec un soin si grand même que le château en paraît neuf.

On conserve avec soin toutes les parties présentant un caractère artistique qui, ne pouvant plus résister aux intempéries, ont dû être refaites, c'est ainsi qu'on voit au rez-de-chaussée la lanterne qui a été entièrement reconstruite. Le château n'a pas trop souffert de la Révolution, mais l'extérieur a été criblé de balles dont les traces existent encore.

Après cette visite, dîner en plein air en face le château. Le soleil se couche derrière le vieil édifice, le ciel passe du bleu au rose vif, puis graduellement au noir absolu tandis que nous finissons de prendre notre café et que nous enfourchons nos bicyclettes afin de rejoindre Blois où nous attendent nos valises et des lits.

Route faite de nuit, rien de plus charmant, nous nous sommes égarés, parcourons à grande allure des pays inconnus, gagnons les bords de la Loire et voyons au loin se refléter dans le fleuve deux petits points rouges qui deviennent plus grands, puis se transforment en une série de points lumineux, nous traversons la Loire et sommes enfin à Blois.

Blois est une bien agréable ville qui renferme de curieuses maisons et de vieux monuments; mais on doit d'abord la visite au château.

Le château se divise en quatre parties bien distinctes :

1° La partie du xiii° siècle fut construite par Jean I°°, comte de Blois, et de cette époque subsiste encore la salle des Etats et la tour où se trouvent les oubliettes ;

2° La partie Louis XII ;

Louis XII, né à Blois en 1462, eut toujours pour ce château une grande prédilection. On lui doit le corps de bâtiment qui forme le côté oriental et où se trouve l'entrée actuelle du château. La porte est surmontée d'une statue équestre de Louis XII. Sur l'attique, l'hermine d'Anne de Bretagne et le Porc-Épic indiquent bien l'époque où cette partie fut édifiée ;

Louis XII, quoiqu'ayant supprimé l'ordre du Porc-Épic, dont il avait été grand maître, en garda toujours l'insigne sur ses armes.

A l'intérieur, le portique du rez-de-chaussée est composé d'arcades en segments de cercle ;

Les colonnes qui les soutiennent sont revêtues d'hermine et de fleurs de lys ;

Dans cette partie se trouve la chapelle entièrement restaurée ;

3° La partie François Ier est la partie nord-ouest. Elle se compose, sur la rue, de deux balcons suspendus sur lesquels s'ouvrent des fenêtres, des baies et des logettes dont la tonalité rouge ressort vivement sur la blancheur de la pierre fouillée et sculptée, comme une dentelle, formant des balustrades, des corniches et des tourelles d'une variété ravissante.

Sur la cour intérieure, au milieu de la façade, serpente l'escalier à jour ; chaque ouverture formant balcon, destinée à abriter un garde, est fermée à la partie basse par une balustrade à jour composée de feuilles et d'F entrelacées.

L'entablement, les parties supérieures des fenêtres, voire même les cheminées sur le comble sont d'une richesse inouïe. Le plafond en pierre de l'escalier est à caisson admirablement travaillé. A l'intérieur, les pièces et en particulier les cheminées sont des merveilles.

On visite l'oratoire de Catherine de Médicis, son cabinet de travail, orné de curieuses boiseries cachant des armoires secrètes, la chambre où elle mourut en 1589, son cabinet de toilette, la salle des Gardes ; ces pièces sont dallées ou pavées de faïence, les murs revêtus de boiseries et de cuir de Cordoue. Les salamandres alternent avec le cygne traversé d'une flèche, armé de Claude de France, fille d'Anne de Bretagne et de Louis XII et femme de François Ier.

Lors des seconds états de Blois (décembre 1588), le roi fit assassiner les deux Guise dans cette partie du château. Sans préjudice de la sonorité des salles que le cicérone vous fait admirer en poussant de petits cris, on montre aussi la pièce où fut poignardé le duc de Guise, la porte du cabinet d'où sortit Henri III pour constater la grande taille de sa victime. On frémit en visitant le cachot d'où, revêtu de ses vêtements épiscopaux, sortit le cardinal de Lorraine, frère du duc de Guise, et à la porte duquel il fut lâchement mis à mort. On voit aussi la fenêtre par laquelle Marie de Médicis, assistée du duc d'Epernon et de trois cents gentilshommes, s'évada du château (1617);

4° La partie dite de Gaston d'Orléans est la moins intéressante ; elle est due à François Mansart, oncle de Jules Hardouin, dit Mansart, architecte du château de Versailles.

C'est même à ce Mansart (François, 1598-1666) et non à Mansart (Jules Hardouin, 1645-1708) qu'est due la couverture brisée qu'on appelle mansarde.

Il est heureux que la mort ait arrêté Gaston d'Orléans ; il avait en effet l'intention de détruire les trois premières parties pour les transformer à son goût.

Sur la terrasse, regardant la Loire, se dresse une sombre tour du xiii° siècle.

Dans la partie Louis XII du château, on visite un petit musée charmant, admirablement entretenu par une bonne vieille qui connaît par cœur toutes ses toiles et les explique avec amour. Il y a deux ou trois tableaux de primitifs : l'*Enlèvement d'Europe* et une *Descente de croix* remarquables, des *moutons* de Rosa

Bonheur, la *Colombine* de Léonard de Vinci, quelques vieux portraits.

Il est très rare de voir quelque chose de plus intéressant que cette petite collection et un gardien plus aimable et plus documenté (si nous n'avons pas après cela un prix de galanterie!)

La cathédrale est assez intéressante quoique manquant d'unité. De la terrasse on jouit d'une vue splendide, émergeant de sa forêt, on voit Chambord à l'horizon; dans la ville on remarque le curieux clocher de l'église Saint-Nicolas, tour carrée, coiffée d'une coupole, à l'intérieur quelques vieux vitraux et quelques fragments de peinture.

L'hôtel d'Aluye, habitation de Florimond Robertet, qui fut ministre des finances sous Louis XII et sous François Ier, possède une jolie cour intérieure. Non loin, une curieuse fontaine renaissance. Plusieurs hôtels et maisons des XIIIe, XIVe et XVe siècles frappent agréablement la vue ainsi que quelques vieilles rues tortueuses. A voir la statue de Denys Papin qui partage avec Robert Houdin la gloire d'être né à Blois.

Les excursions à faire autour de Blois sont des plus intéressantes. Nous sommes allés visiter le château de Beauregard. Ce château, appartenant actuellement à M. le comte de Cholet, est une jolie habitation renaissance, renfermant une galerie de portraits remarquables de personnages du xviie siècle ; à signaler le portrait du Grand-Turc. Le dallage de cette salle, absolument authentique et très respecté, représente une armée du temps avec les costumes de bataille ; le plafond, en poutres apparentes, est fort curieux. On visite également un oratoire royal décoré de boiseries et sculpté.

Puis, enfourchant nos rapides cycles, nous poussons jusqu'à Cour-Cheverny.

Le château de Cheverny n'est pas très ancien, il date du xviie siècle. Les galeries du rez-de-chaussée possèdent de belles boiseries où sont peints plusieurs épisodes de la vie de Don-Quichotte, la salle à manger est fort belle ; au premier étage une salle renfermant des armoiries et des tapisseries splendides, représentant divers sujets de l'*Illiade*, possède une cheminée grandiose. A citer aussi la chambre du Roi, revêtue de tapisseries très anciennes de toute beauté.

Ce château contient plusieurs beaux portraits de famille. Propriété de la famille De Thou (qui n'a pas eu à se louer beaucoup des procédés de Richelieu), elle appartient actuellement à M. le marquis de Vibraye. Le père du propriétaire actuel a réuni une collection de minéralogie très complète. La façade du côté du parc est très imposante.

La bonne grâce avec laquelle on nous a fait visiter le château est à retenir et nous en gardons le meilleur souvenir.

Le lendemain de cette journée bien employée à visiter Blois et ses environs, nous avons repris cette belle route appelée Levée de la Loire, et avons suivi le bord du fleuve jusqu'au pont suspendu d'Ecures, qu'on traverse pour arriver à Chaumont.

Pénétrant dans le parc du château, nous mon-

tons par une jolie allée ombragée pour arri.
d'abord à une terrasse d'où l'on jouit d'une vue
splendide, puis au terre-plein du château dont
on franchit le pont-levis, on arrive dans une
cour d'où l'on admire sur trois côtés le château et sur la quatrième face un splendide
paysage.

Cet édifice qui, à l'extérieur, présente toutes
les apparences d'un château très fortifié avec
tours rondes et machicoulis est, quant aux fa-
çades intérieures, d'une architecture purement
renaissance ; à l'intérieur, on visite la chambre
de Diane de Poitiers, la salle du Conseil, la
chambre de Catherine de Médicis et celle de
son astrologue Ruggiéri. Toutes ces pièces sont
garnies de meubles du temps et présentent un
grand intérêt. A citer la chapelle que l'on aper-
çoit d'une petite tribune ; au-dessus du siège
épiscopal, le chapeau du cardinal d'Amboise ;
on y remarque aussi trois tableaux attribués à
Murillo ; dans la cour un puits fort curieux,
dont la potence est en fer forgé.

Ce château appartient actuellement à Mme la

princesse de Broglie qui a fait meubler avec un goût très sûr les pièces historiques.

Rappelons en passant que ce fut un sire de Chaumont-sur-Loire qui succéda à Trivulce dans le gouvernement du Milanais.

Suivant la Loire pour se diriger sur Amboise, on commence à rencontrer sur la gauche des maisons taillées dans le roc, puis, après quelques kilomètres parcourus au milieu d'un paysage charmant, on ne tarde pas à arriver à Amboise (35 kilomètres de Blois).

Après un déjeuner bien gagné, excursion à la fameuse Pagode de Chanteloup. Ce monument, œuvre de Choiseul, exilé par Louis XV, est d'un goût assez douteux, mais l'emplacement est admirable. Choiseul possédait à Chanteloup un château construit dans le genre de celui de Versailles ; château détruit en 1830 par la bande noire. Il avait fait édifier cette pagode comme rendez-vous de chasse et tous ses amis avaient, en manière de protestation, écrit leurs noms sur une table de marbre.

L'état de vétusté du monument empêche de

le visiter. Au pied s'étendait un canal (toujours comme à Versailles), qui n'est plus maintenant qu'un champ de roseaux.

De retour à Amboise, nous allons visiter le château, propriété de Mgr le duc d'Aumale qui, toujours soucieux de reconstitution, le fait réparer très sérieusement.

Ce château fut bâti par Charles VIII et Louis XII. Les deux grosses tours de style ogival sont très curieuses, elles renferment un escalier en pente douce partant du sol et arrivant au château, permettant l'accès aux chevaux et aux carrosses. C'est par une de ces tours que François Ier fit monter Charles-Quint lors de la visite de cet empereur à Amboise.

La chapelle Saint-Hubert, isolée et à pic sur le roc, présente au-dessus de la porte un grand panneau sculpté figurant la conversion et la chasse de saint Hubert; elle renferme, paraît-il, les restes de Léonard de Vinci. Sur la face du château qui regarde la Loire, on voit le balcon aux lourds barreaux de fer forgé auxquels on suspendit les rebelles, à la suite de la conjuration d'Amboise.

Dans le parc : la porte où Charles VIII, âgé de 28 ans, se cogna la tête, choc dont il mourut (1498), et les galeries ou chemins de ronde destinés à protéger le château contre les ennemis venant par la colline.

C'est ce château qui, en 1852, servit de résidence à Abd-el-Kader, mais il faut faire remonter à Duclos, l'un des trois consuls, les dégradations que Mgr le duc d'Aumale prend tant de soins à faire disparaître.

L'Hôtel de Ville est un joli monument renaissance. Il fut construit vers 1500 par Morin, maire d'Amboise. En sortant du château on passe sous une vieille porte rappelant un peu la porte du Gros-Horloge à Rouen.

L'église Saint-Florentin est assez curieuse.

A l'extrémité de la ville, on montre la maison où mourut Léonard de Vinci, le manoir du Clos-Lucé.

Non loin d'Amboise, existe un château du xve siècle, que le propriétaire ne veut pas laisser visiter. C'est la seule fois que dans notre voyage nous ayons eu affaire à un châtelain aussi peu hospitalier. Vouons donc aux divinités infernales le propriétaire du château de Pocé et faisons des vœux pour que les cyclistes, nos frères, ne fassent pas une route inutile, surtout s'ils doivent comme nous ramasser de brillantes « pelles » en faisant ce peu intéressant parcours.

Reprenant le lendemain la levée de la Loire, nous nous sommes dirigés vers Tours en traversant Vouvray ; à droite, sur la route, nous voyons le château de Moncontour, passons au pied de la lanterne de la Roche-Corbon, tour d'observation datant du xve siècle, ce qu'il faut admettre sur la foi des guides, car l'aspect est plutôt d'une cheminée ; puis Sainte-Radegonde qui possède une vieille église ; les ruines de l'abbaye de Marmoutiers, fondée par saint Martin et dont il ne reste qu'une vieille tour, le mur d'enceinte fortifié et un vieux portail ; Saint-Symphorien à la vieille église et traversant le pont suspendu, nous faisons notre entrée

à Tours par le boulevard de la Foire-du-Roi et
la rue Nationale, tournons à droite et nous
arrêtons à l'hôtel du Faisan qui doit être notre
demeure pendant plusieurs jours.

Accueillis admirablement par M. Audiot, le
sympathique propriétaire qui nous promet (et il
a tenu largement sa parole) de nous faire goûter
sa cave, nous montons à nos chambres, prenons
le costume et les allures des piétons les plus
vélophobes et commençons la visite de la ville
par la cathédrale Saint-Gatien.

Intérieurement, l'église est remarquable par
ses vitraux anciens, les deux fils de Charles VIII
y ont leur mausolée, œuvre des sculpteurs
Justo, un autre ancien tombeau avec une peinture représentant un épisode de la vie de saint
Martin. Extérieurement, l'église est un vaste
monument de l'art gothique, la façade est du
xv⁰ siècle. Elle possédait naguère de nom-
breuses sculptures qui ont disparu ; mais
restent les colonnettes, les balustrades en grand
nombre et une splendide verrière surmontant
le portail du milieu, au-dessus des deux portails

latéraux, les deux tours renfermant des escaliers à jour. Henri IV en disait que c'était un joyau auquel manquait l'écrin.

La cathédrale est actuellement en réparation. C'est avec le plus vif plaisir que nous entendons prononcer le nom de l'artiste chargé de diriger les travaux, et qui n'est autre que M. Marcel Lambert, l'architecte du palais de Versailles, à qui nous devons déjà la réfection du Buffet et du bassin du Miroir. Il faudra revenir à Tours quand les échafaudages masquant la tour de gauche auront disparu, on se trouvera alors en présence d'une des plus belles restaurations faite à notre époque.

A côté de la cathédrale est situé le cloître de la Psalette orné de fines sculptures et d'un escalier renaissance.

L'évêché possède une vieille tour et deux très anciennes chapelles.

Nous prenons alors une voiture, le cocher nous conduit à la maison de Tristan l'Ermite, exécuteur des hautes œuvres de Louis XI ; peu gaie, cette habitation dont l'escalier tortueux

possède une rampe intérieure en forme de
corde et deux petites retombées de voûte représentant Tristan l'Ermite et un archer du temps.
Sur le mur extérieur, la potence, de nombreux
clous, un par victime. Un souterrain reliait cette
sombre demeure au château, non moins sinistre,
de Plessis-lès-Tours. Nous voyons successivement l'hôtel Gouin, un petit bijou renaissance
rappelant, par son style et sa destination actuelle,
l'hôtel du Bourgtheroulde à Rouen, puis la basilique toute neuve renfermant dans la crypte le
tombeau de saint Martin, lieu de pèlerinage très
suivi; de l'ancienne basilique, célébrée par Gré-
goire de Tours, pillée par les huguenots et
démolie en 1802 pour prolonger une rue, ne
subsistent que deux tours : la tour Charlemagne
et la tour Saint-Martin; l'hôtel Semblançay,
l'église Notre-Dame-la-Riche, ancien monument
du xvi⁰ siècle, restaurée de nos jours et renfermant de superbes vitraux; Saint-Saturnin, la
vieille église abbatiale de Saint-Julien (xiii⁰ siècle).
Nous apercevons, en passant, l'Hôtel de Ville, la
Préfecture, le Palais de Justice, le Lycée, le

Théâtre municipal, l'Hospice, la fontaine de Beaune, datant de 1510, deux vieilles tours qui sont actuellement dans une caserne, l'une, la tour de Guise, l'autre, la tour Foubert, les statues de Rabelais, Descartes, le monument élevé en mémoire des docteurs Velpeau, Trousseau et Bretonneau, le buste du général Meunier, le jardin botanique et le jardin des prébendes d'Oé.

Nous parcourons toutes les rues de la ville et nous nous rendons compte que Tours, capitale de la Touraine, mérite bien sa réputation de grande et belle ville. Le soir, nous parcourons et visitons de nouveau la ville, nous rendons compte des distractions multiples qu'elle renferme et finissons la soirée au Pré-Catelan, le jardin de Paris de l'endroit.

Le lendemain matin, ayant sellé nos bicyclettes, nous faisons une petite excursion au séjour favori de Louis XI, lieu où il mourut, Plessis-lès-Tours, dont il ne reste que peu de choses; nous voyons, sans en envier le séjour, l'endroit où fut enfermé le cardinal La Balluc; poussons jusqu'à Saint-Avertin, la promenade dominicale et le but favori des Tourangeaux, et revenons à Tours en suivant le canal du Cher à la Loire.

L'après-midi, nous allons à Savonnières visiter les « Caves Gouttières », sources pétrifiantes dont les cristallisations sont des plus curieuses, puis nous poussons jusqu'au splendide château de Villandry, dont nous visitons le très beau parc et la magnifique terrasse d'où l'on a une très belle vue. Dans le jardin, on remarque des sources d'eaux jaillissantes fournies par des puits artésiens.

Désireux, ô lecteur ! de montrer notre érudition, nous dirons que ce château est construit sur l'emplacement du château de Colombier où, en 1189, Henri II, roi d'Angleterre et Philippe II, dit Philippe-Auguste, signèrent la paix.

Traversée du Cher sur un bac et retour par une route détestable.

Chenonceaux ne pouvant être visité que le dimanche, c'est donc ce jour (23 août) que nous sommes partis de Tours sur nos trois bicyclettes

munies de leurs excellents pneumatiques (pas
de noms de fournisseurs pour ne pas avoir l'air
de faire de réclame).

Si nous sommes arrivés à Chenonceaux avec
deux pneus et un creux, cela tient à ce que celui de notre bon ami E. G. a éclaté un peu avant
d'arriver à Azay-sur-Cher.

Comme c'est un garçon débrouillard, il com-
mença d'abord par confier le vélo hors service
à un messager qui passait, puis, allant à pied à
Azay, loua la machine d'un forgeron qui se pro-
menait; monté sur cet instrument préhistorique,
il continua la route avec nous.

Nous traversons le village de Bléré qui renferme une vieille église, au clocher octogonal,
une chapelle du xvi⁰ siècle, la chapelle Fortier,
le Grand-Logis, ancien manoir du xv⁰ siècle,
quelques vieilles maisons et la chapelle de
Seigne, monument historique, qui fut élevé par
son fils au seigneur de Seigne, commandant de
l'artillerie de François I⁰ʳ.

Déjeuner à Chenonceaux, puis visite du château, qui appartient maintenant à M. Terry,

père d'un des membres du Cycle-Amateur-Versaillais. Ce château fut commencé en 1515 (l'année de Marignan), par Thomas Bohier, receveur général des finances, et acquis en 1535 par François Iᵉʳ. Henri II, qui *faisait bien les choses*, le donna à Diane de Poitiers, qui le changea contre Chaumont-sur-Loire à Catherine de Médicis, femme dudit Henri II.

François II vint y passer les premiers temps de son mariage « *his honey moon* », dit Bædeker.

. Ce château se compose d'un donjon flanqué de quatre tours, bâti à la place d'un moulin qui s'élevait sur le Cher et de deux galeries édifiées à la suite sur un pont de cinq arches.

. Le château réunit les deux rives du Cher.

La porte d'entrée, plusieurs cartouches et certains endroits du dallage, à l'intérieur du château, reproduisent la devise de Bohier : « S'il vient à point, me souviendra ».

La grande galerie du rez-de-chaussée est due à Philibert Delorme ; celle du premier étage renferme quelques toiles de valeur, mais il vaut mieux garder le silence et ne pas porter d'appréciations sur le disparate de sa décoration, elle est, du reste, due à Mme Pelouze, dont on voit le portrait par Carolus Duran.

Dans la salle de billard, au rez-de-chaussée, est une admirable cheminée sculptée par Jean Goujon, pour Diane de Poitiers; le plafond est en poutres peintes au chiffre de Charles IX. Dans l'intérieur des culées du pont se trouvent les cuisines.

La porte d'entrée du château est fort belle, surmontée d'un balcon de pierre, et les lucarnes sont finement ouvragées; à gauche s'élève la chapelle.

Le pont-levis est défendu par une grosse tour ronde, logement actuel du concierge.

Dans la cour, à droite, les communs construits par Catherine de Médicis renferment de belles voitures et une curieuse gondole de Venise.

Le parc et le jardin français sont d'un bel effet, on y jouit d'un beau coup d'œil sur le château et le Cher.

Le lundi, le paquetage refait, nous quittons

Tours, passons devant la petite église de Saint-Cyr, édifiée par Louis XI; devant le château du Grand-Martigny, situé sur l'emplacement d'une abbaye, où séjourna saint Martin, et arrivons à Luynes.

Nous montons au château, construction du xv° siècle, possédant une tourelle à pan coupé; grimpons sur les tours, d'où l'on jouit d'une vue superbe; visitons, grâce à l'amabilité du propriétaire, une grande chapelle, reste d'une vieille abbaye. Il ne subsiste qu'un portail très intéressant ainsi que des charpentes sculptées et peintes du xv° siècle. De la propriété, nous apercevons le camp de Saint-Venant, sur lequel fut édifié, au moyen âge, un prieuré, dont le temps n'a respecté que quelques ruines de la chapelle; on nous montre aussi les débris d'un aqueduc romain et quelques vieilles maisons en bois.

Restaurés par un excellent petit vin du pays et par les seules rillettes que nous ayons mangées dans tout notre voyage, nous pédalons avec une nouvelle énergie et arrivons au village de Cinq-

Mars-la-Pile, qui tire son surnom d'une pile carrée en briques de vingt-neuf mètres de hauteur et de quatre mètres carrés de largeur, construite par les Romains ; on voit aussi deux tours, ruines du château de Cinq-Mars. Richelieu fit, en 1642, décapiter le propriétaire et détruire le château. L'église date du ixe siècle.

Enfin nous arrivons à Langeais vers 11 heures et, sans perdre de temps, nous nous rendons au château. Nous n'avions pas encore eu le plaisir de voir un monument aussi intéressant ; toutes les pièces, encore qu'habitées, sont meublées et ornées suivant le style de l'époque ; tous les meubles, toutes les tentures sont ou des pièces authentiques ou des reconstitutions fidèles. Aux murs de beaux tableaux, de vieilles tapisseries appellent l'attention, la salle à manger est d'un intérêt très grand, de même toutes les chambres à coucher, quelques toiles célèbres de Henner, seules, donnent une note actuelle à ces ameublements.

On visite la chapelle où eut lieu le mariage de Charles VIII avec Anne de Bretagne (1471).

Rendons grâce au goût si sûr de M. le baron Siegfrid, propriétaire actuel du château, et remercions-le de laisser si aimablement visiter son intérieur.

.. Dans le parc, les ruines du plus ancien donjon de France, bâti par Foulques Nerra, duc d'Anjou, au VIII° siècle.

Sur la place, la maison de Rabelais.

Nous avions bien gagné le déjeuner que nous fîmes à Langeais et après lequel, remontant en selle, nous nous sommes dirigés vers Azay-le-Rideau.

Ce château, baigné par l'Indre, fut construit sur pilotis par Gilles Berthelot, conseiller de François I⁵ʳ. C'est un des plus élégants de la renaissance. La façade intérieure est admirable. Il renferme une collection de tableaux remarquables réunis par le propriétaire actuel, M. le marquis de Biencourt, plusieurs cheminées sont dignes d'admiration, le parc qui entoure l'édifice est fort beau.

Par des routes assez mauvaises et un chemin interminable nous arrivons au château historiquo d'Ussé, propriété de M. le marquis de Blancas, qui appartint à Vauban. Le grand ingénieur modifia ce château renaissance, en y ajoutant des terrasses formant fortifications.

Il se compose d'un groupe de tours et de tourelles réunies par des galeries. L'intérieur en est très intéressant; la chambre de Louis XIV et une chambre d'ami présentent de curieux baldaquins de lits; de belles toiles ornent le salon et les différentes pièces très bien meublées qu'on nous a fait visiter.

Une belle chapelle, indépendante du château, présente un beau portail curieusement sculpté.

Départ d'Ussé et en route pour Chinon, où nous arrivons à la nuit; heureusement que, vélocipédistes prudents, nous étions munis de nos lanternes; dans la brume, nous apercevons à gauche des ruines, puis d'autres ruines, ce sont les châteaux de Chinon que nous visiterons demain, car il est 8 heures, les vélos ont besoin d'huile et leurs cavaliers n'aspirent qu'à un dîner et à un repos bien mérités.

Chinon, patrie de Rabelais, est célèbre par le

séjour qu'y fit Charles VII. Ce fut là que Jeanne d'Arc, le 27 février 1429, vint lui révéler sa mission. Actuellement on montre la pièce où se passa cette entrevue, il ne manque que deux des murs et le toit, mais on voit encore la cheminée, près de laquelle se tenait caché le Roi.

Si le château est en ruines, et cela parce qu'en 1830 il a servi de carrière aux habitants de Chinon, il reste encore des débris très intéressants des deux forts qui l'environnaient : le fort Saint-Georges et le fort du Coudray.

Du fort du Coudray restent encore quelques vieilles tours dont l'une, tour du moulin, est en très bel état de conservation, et du haut de laquelle on a une fort jolie vue sur le cours de la Vienne. On voit également des souterrains et la tour où habita Jeanne d'Arc pendant le temps qu'elle passa à Chinon en attendant qu'on lui baillât gens pour lever le siège d'Orléans qu'elle délivra le 8 mai 1429.

La porte d'entrée actuelle est aussi un reste du fort Saint-Georges, où mourut Henri II, roi d'Angleterre : l'horloge en est très ancienne.

Tout à côté du château s'élevait l'habitation d'Agnès Sorel, qui communiquait par un souterrain avec la résidence royale.

En bas du château, l'église Saint-Etienne, terminée par Commines, historien de Louis XI, et la rue du même nom bordée de vieilles maisons.

Tout ce quartier est d'un pittoresque extraordinaire, les rues s'entrecroisent, les pignons s'enchevêtrent et les toitures débordent l'une sur l'autre avec une irrégularité très curieuse, on s'attend à voir les gens manier des épées à deux mains et se charger dans une mêlée colossale, telles que le décrit Rabelais qui, certainement, pour ses paysages tortueux, s'est inspiré des rues de sa ville natale.

L'église Saint-Maurice présente un vieux clocher roman et des voûtes du style dit des Plantagenets. L'église Saint-Mexme montre un curieux portail, un vieux clocher et une intéressante chapelle baptismale, malheureusement, elle est transformée en école.

Sur la place, la fameuse statue de Jeanne

d'Arc en vierge dévastatrice ; sur le quai, la statue de Rabelais.

Quittant Chinon, nous avons eu la bonne idée de faire un crochet pour passer par Champigny.

Champigny possédait un château que fit détruire Richelieu ; il laissa, fort heureusement, subsister la sainte chapelle, monument admirable extérieurement avec ses petites galeries formant cloître et intérieurement (0 fr. 05 pour entrer, parce que c'était fête) par ses douze verrières admirables représentant, en haut, une scène du Nouveau Testament, au milieu, un épisode de la vie du saint roi et, en bas, des portraits de famille des Bourbons-Montpensier, anciens propriétaires du château. Ces vitraux renaissance sont attribués à Robert Pinaigrier.

Les anciens communs du château, très bien restaurés et flanqués de deux tours, sont l'habitation de la châtelaine actuelle.

Ce jour-là, c'était la foire aux bestiaux, à Champigny, « tout le pays était là dans ses habits de gala, » c'était une cohue indescriptible de paysans, discutant des prix, et de belles filles, avec de ravissants bonnets brodés, se promenant en longues théories et regardant nos mollets d'un air narquois.

Quittant avec regrets cette foule endimanchée, nous nous dirigeons vers l'île Bouchard, croisant en route des charrettes de paysans très gais, retour de la fête, et des promis, deux par deux, revenant au milieu des champs.

L'île Bouchard, que nous traversons, est remarquable par l'église Saint-Gilles (du xiᵉ siècle) et l'église Saint-Maurice qui possède une belle flèche en pierre du xvᵉ siècle.

Rabelais cite cette île comme un lieu de plaisir, nous doutons que la tradition se soit continuée.

En sortant, à gauche, sur la route, un dolmen ; à la suite, une longue, très longue route, nous amène à Sainte-Maure, grosse bourgade, où nous faisons escale.

Bien reposés, nous nous dirigeons le lendemain matin vers Loches.

Nous visitons l'église de Sainte-Catherine de Fierbois. Jehanne, la bonne lorraine, y envoya, en 1429, quérir une épée qui était derrière l'autel et qui devint sienne.

Cette église fut construite par Charles VIII et Anne de Bretagne sur l'emplacement de celle où, en 732, Charles-Martel vint après la bataille de Poitiers remercier Dieu du succès de ses armes.

Non loin de là, du reste, une butte s'appelle encore la côte des Arabes, souvenir de ces événements. La maison du dauphin (1415) s'élève sur la place.

Sur le bord de la route, nous visitons le joli petit château de Cromacre, construit il y a une trentaine d'années, mais avec un goût excellent et une finesse de détail remarquable. Intérieurement et extérieurement, c'est un petit bijou. Les communs, seuls restes de l'ancien château, sont flanqués d'une grosse tour.

Cette petite merveille est la propriété de M. le marquis de Lussac.

Traversant vivement Loches que nous parcourerons après déjeuner, nous allons à Beaulieu visiter l'église et les ruines de l'abbaye.

De l'ancienne église ne subsiste qu'une tour surmontée d'une flèche en pierre, ornée de clochetons et de lucarnes.

Le chœur de l'ancienne basilique forme l'église paroissiale actuelle dans laquelle on remarque un beau siège abbatial en bois sculpté et des stalles de la renaissance.

Derrière l'église, on peut se rendre compte des proportions de l'abside de l'ancien édifice.

Dans l'intérieur de l'église repose le corps de Foulques Nerra.

La visite de Loches est des plus intéressantes : nous avons visité d'abord le donjon.

Ce donjon se compose de plusieurs tours ; dans l'une, le Martelet, se trouve le cachot où le duc Sforze de Milan resta enfermé douze ans et au seuil duquel il mourut de joie en apprenant sa mise en liberté ; le cachot où François Ier enfermait les évêques récalcitrants, celui de Commines ; bien entendu, celui de La Balue, l'inaugurateur officiel de tous les cachots célèbres. Le donjon renferme aussi une salle où l'on infligeait la question ; elle sert actuellement de dortoir aux prisonniers, car le donjon n'est pas désaffecté et est encore prison ; son caractère, du reste, se prêterait difficilement à une destination autre.

Ensuite, visite de l'église, une des plus curieuses que nous ayons vues comme architecture extérieure. Les quatre clochers en pierre, noircis par le temps, sont d'un saisissant effet ; le portail est très intéressant ; le bénitier est formé par un ancien autel. On admire les stalles et le tabernacle. Cette église portait le nom de collégiale Saint-Ours.

Le château de Loches sert actuellement de sous-préfecture. Ce fut une résidence royale très suivie ; on visite l'oratoire d'Anne de Bretagne ; on voit le tombeau d'Agnès Sorel, sur lequel on lit une ravissante épitaphe.

Les charpentes de l'édifice sont très curieuses.

Pendant que nous admirons le paysage, du haut du donjon, nous entendons un indigène qui nous invite à venir voir des ruines nouvellement découvertes ; nous nous rendons à son appel et voyons en effet les souterrains qui servaient au ravitaillement du château.

Dans la ville, la tour Saint-Antoine, l'Hôtel de Ville (joli monument renaissance), la porte Picoys, la porte des Cordeliers, la Chancellerie.

Légèrement fatigués, nous prenons le train à Loches pour Tours.

Nous voyons, par la portière du wagon, les ruines imposantes du château de Montbazon, ancienne habitation de Foulques Nerra, ruines surmontées d'une statue colossale de la Vierge.

Muni d'une bonne recommandation, celle de M. Audiot, dont l'amabilité est sans bornes, nous visitons, le lendemain matin, le musée de Tours, très intéressant et pour lequel nous avons réservé toute cette matinée.

A citer :

De l'École Flamande : *Le Crucifiement ; — Le Mariage de sainte Catherine.*

JOUVENET. — *Le Centurion au pied du Christ.*

LÉPICIÉ. — *Mathathias punissant les blasphémateurs.*

FEYEN-PERRIN. — *Femmes de Cancale.*

La sainte Famille, de **RAPHAEL**, copiée par **MIGNARD.**

Hippolyte RIGAUD. — *Louis XIV.*

LECOMTE DE NOUY. — *Eros.*

COYPEL. — *La colère d'Achille* et *Le départ d'Hector.*

BUI. — *Persée délivrant Andromède.*

LESUEUR. — *Saint Sébastien.*

MATÉGNA. — *La Résurrection* et ce magnifique *Christ à Gethsémani* (le plus beau du musée).

RUBENS. — *Mars couronné par la victoire;* — *Alexandre Goubeau et sa femme.*

Philippe de CHAMPAIGNE. — *Le bon Pasteur.*

BOUCHER. — *Apollon et Latone, Amynthas rappelé à la vie,* et *Sylvia fuyant un loup* (deux épisodes du Tasse).

Des œuvres de **MOREAU**, de Tours, et de beaux portraits de **LAROILLIÈRE.**

Et au milieu de tous ces chefs-d'œuvre, des copies très belles et des tableaux d'école très intéressants. A citer aussi un ravissant petit tableau moderne : *La Mye du Roy* et une belle reproduction de la *Diane de Houdon* ; matinée délicieuse où nous nous sommes crus au Louvre ou à Versailles.

Après-midi, départ pour Saumur.

Visite du vieux château qui a eu les fortunes diverses d'être prison, puis arsenal, et est actuellement caserne dans certaines parties.

A part, un escalier renaissance et quelques détails de la même époque, l'aspect est plutôt celui d'un sombre château-fort.

L'Inquisition y siégea longtemps et le cicérone vous fait frémir aux bons endroits : un puits, d'une profondeur immense, va rejoindre la Loire, et à certains moments était employé comme moyen de fuir de ce château dont le séjour ne devait rien avoir de voluptueux.

Puis, en voiture, nous voyons successivement l'Ecole de Cavalerie, le Lycée de jeunes filles, jolie construction moderne émergeant du Jardin botanique, l'Hôtel de Ville, Notre-Dame-des-Ardillers, église avec coupole très curieuse, la chapelle Saint-Jean, Saint-Nicolas, Notre-Dame-de-Nantilly, qui renferme de belles tapisseries, l'église Saint-Pierre, deux tours, restes des anciennes défenses.

Le soir, promenade dans la ville égayée par les élèves de l'École de Cavalerie.

Le vendredi, 28, a été journée bien employée.

A bicyclette, cette fois, nous partons de Saumur et arrivons, en suivant en amont la Loire, au fameux château de Montsoreau, dont il ne reste que des ruines, toutefois assez intéressantes.

Bien entendu, nous montons en haut de la tour pour voir le paysage, puis allons faire un pèlerinage à l'église de Candes.

Cette église est bâtie sur l'emplacement de la chapelle, où mourut saint Martin, en 397.

Les gens de Poitiers (explique un vitrail), s'étant endormis, les gens de Tours emmenèrent le corps jusqu'à leur pays. Cette église, de style ogival, montre un beau portail et un porche

sculptés. Elle est défendue par deux tours à machicoulis. Nous sommes montés sur les combles
de l'église pour jouir de la vue superbe que l'on
découvre à cet endroit, confluent de la Vienne
et de la Loire.

Dans le village, on voit la maison du Seigneur, un joli drapeau en zinc peint indique
que c'est actuellement la gendarmerie.

Nous revenons à Montsoreau pour nous rendre
à Fontevrault.

Les restes de l'abbaye de Fontevrault, datant
du XIe siècle, sont transformés maintenant en
prison centrale. Nous n'avons pas pu visiter.

La chapelle en est, dit-on, curieuse et date du
Xe siècle, elle renferme les statues tombales du
roi Henri II d'Angleterre, de sa femme Éléonore
de Guyenne, de Richard Cœur de Lion, et
d'autres seigneurs et dames.

Nous avons pu voir l'église Saint-Michel renfermant un bel autel en bois doré.

De Fontevrault, rien d'intéressant jusqu'à
Montreuil-Bellay, où nous passons sous une
vieille porte. Nous apercevons le château, an-

cienne habitation de Foulques Nerra ; de cette époque n'a subsisté qu'une grosse tour, les autres parties ont été refaites au xv° siècle et restaurées de nos jours ; une vieille église du xv° siècle, anciennement collégiale, est située non loin du château.

Déjeuner à Doué, dit la Fontaine, en l'honneur de deux bassins creusés au xviiie siècle. A voir de belles ruines d'une ancienne abbaye.

Enfin, après une route très longue, nous apercevons Brissac, propriété de Mme la vicomtesse de Trédern, mère de M. le duc de Brissac. Nous avons eu la bonne fortune de pouvoir visiter cette belle habitation.

Ce château, du xvie siècle, est flanqué de deux grosses tours à machicoulis. Si l'extérieur est ancien, l'intérieur est aménagé avec tout le confortable moderne ; les salons sont fort beaux et la salle de spectacle un modèle du genre.

Nous avons vu de beaux tableaux et de vieux portraits de famille, en particulier, celui du duc de Cossé-Brissac, commandant des Suisses, massacré à Versailles en 1780. Il avait, du reste, pressenti sa mort, mais ne devait rien regretter estimant qu'il pouvait mourir pour le roi : « Ma famille, disait-il, doit bien cela à la sienne. »

A signaler l'oratoire, quelques vieilles chambres et une galerie très curieuse.

Nous traversons les ponts de Cé, célèbres par la victoire que Louis XIII remporta sur sa mère, Marie de Médicis (1620).

Nous arrivons enfin à Angers, faisons enregistrer nos bicyclettes, et c'est en voiture que, pressés par le temps, nous visitons la ville.

Nous nous rendons à la cathédrale Saint-Maurice, dont la porte est surmontée d'un grand bas-relief, représentant le Christ et les évangélistes.

Les deux tours sont terminées par des flèches en pierre, une troisième tour, entre les deux premières, date de la renaissance. Au-dessous de la porte se trouve une galerie à colonnettes, dans les niches de laquelle on remarque huit guerriers armés.

Enfin nous visitons successivement : l'église Saint-Serge, la Trinité, Saint-Laud, la tour Saint-Aubin, Saint-Évroul, le château avec ses

dix-sept tours rondes, la statue du roi René,
de David d'Angers, l'hôtel d'Anjou, joli monument de la renaissance, le logis Barrault, actuellement musée, le Jardin des Plantes, la Préfecture, le Théâtre.

Après dîner, une heure de café-concert, destinée à nous donner des rêves agréables, nous
prenons le train de 10 heures 50 minutes, qui
nous ramène à Versailles.

Trois Membres
du Cycle amateur Versaillais
et du Touring-Club.

RÉSUMÉ

Ce voyage peut se faire d'une façon très pratique en suivant point par point le *Guide de Baroncelli.*

Cela a l'inconvénient de demander 17 jours.

On peut faire l'excursion décrite dans cette brochure en neuf jours de la façon suivante :

Premier jour. — Départ Paris-Orléans, 7 heures 35, arrivée à Orléans, 9 heures 19, visite de la ville, déjeuner, Notre-Dame-de-Cléry, Chambord, coucher à Blois.

Deuxième jour. — Visite de Blois, excursion à Beauregard, Cheverny, coucher à Blois.

Troisième jour. — Départ de Blois, déjeuner à Amboise (visite du château avant déjeuner), passer par la Pagode de Chanteloup, Chenonceaux, la Chapelle de Bléré, coucher à Tours.

Quatrième jour. — Visite de Tours, le matin; après midi : Excursion à Plessis-lès-Tours, Savonnières et Villandry, coucher à Tours.

Cinquième jour. — Départ de Tours, visiter Azay-le-Rideau, Ussé, arriver à Chinon pour dîner et coucher.

Sixième jour. — Le matin, visite de Chinon, l'île Bouchard, coucher à Loches.

Septième jour. — Visite de Loches le matin, retour par Montbazon et coucher à Tours.

Huitième jour. — Tours à Saumur par Luynes, Cinq-Mars, Langeais, Candes, Fontevrault, Montsoreau.

Neuvième jour. — Saumur à Angers par Trèves-Cunault, Brissac et les Ponts-de-Cé.

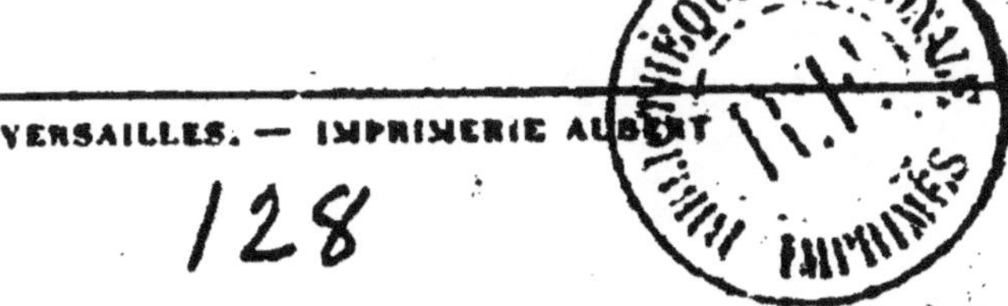